百种双翅目昆虫生态图册

NATURAL HISTORY OF DIPTERANS
A 100-SPECIES PHOTOGRAPHIC GUIDE

张润志　杨　定◎著

长江出版传媒　湖北科学技术出版社

图书在版编目（CIP）数据

百种双翅目昆虫生态图册 / 张润志，杨定著. -- 武汉 ： 湖北
科学技术出版社，2022.4
ISBN 978-7-5706-1929-0

Ⅰ．①百… Ⅱ．①张… ②杨… Ⅲ．①双翅目－图集
Ⅳ．①Q969.44-64

中国版本图书馆 CIP 数据核字 (2022) 第 049494 号

百种双翅目昆虫生态图册
BAIZHONG SHUANGCHIMU KUNCHONG SHENGTAI TUCE

责任编辑： 彭永东　梅嘉容　　　　　　　　　　　　封面设计：胡　博

出版发行：湖北科学技术出版社　　　　　　　　　　电话：027-87679468

地　　　址：武汉市雄楚大街 268 号　　　　　　　　邮编：430070

（湖北出版文化城 B 座 13-14 层）

网　　　址：http：//www.hbstp.com.cn

印　　　刷：湖北恒泰印务有限公司　　　　　　　　邮编：430223

787×1092　　　1/16　　　　　　　13.5 印张　　　　　　　248 千字

2022 年 4 月第 1 版　　　　　　　　　　　　2022 年 4 月第 1 次印刷

定价：360.00 元

本书如有印装质量问题　可找本社市场部更换

About The Author
作者简介

张润志　男，1965 年 6 月出生。中国科学院动物研究所研究员、中国科学院大学岗位教授、博士生导师。2005 年获得国家杰出青年基金项目资助，2011 年获得中国科学院杰出科技成就奖，2019 年获得庆祝中华人民共和国成立 70 周年纪念章。主要从事鞘翅目象虫总科系统分类学研究以及外来入侵昆虫的鉴定、预警、检疫与综合治理技术研究。先后主持国家科技支撑项目、中国科学院知识创新工程重大项目、国家自然科学基金重点项目等。独立或与他人合作发表发现萧氏松茎象 *Hylobitelus xiaoi* Zhang 等新物种 145 种，获国家科技进步二等奖 3 项（其中 2 项为第一完成人，1 项为第二完成人），发表学术论文 200 余篇，出版专著、译著等 20 部。

杨定　男，1962 年 10 月出生。中国农业大学教授、博士生导师、国家杰出青年科学基金获得者、全国优秀博士学位论文指导教师、全国优秀科技工作者，享受国务院政府特殊津贴。曾在日本鹿儿岛大学获得博士学位，在九州大学完成博士后。目前担任《中国动物志》《中国生物物种名录》《动物分类学报》《昆虫分类学报》和 *Insects* 等编委。一直从事昆虫分类学和植物检疫学的教学和科研工作，专长双翅目、脉翅目和襀翅目昆虫的分类，先后主持国家自然科学基金重点项目和重点国际合作项目、国家科技支撑计划和科技基础性工作专项课题等。主编出版专著 26 部，在国内外刊物上发表论文 700 余篇。获原国家教委科技进步奖三等奖、教育部提名国家科学技术自然科学奖一等奖等。

Preface

前 言

　　双翅目（Diptera）昆虫是昆虫纲（Insecta）中一个较大的类群，为全变态类昆虫。双翅目昆虫成虫通常只有一对翅，而后翅特化成一对平衡棒。世界已知种类约 160 000 种，全球各地都有分布，中国已知种类 17 800 余种。双翅目昆虫通常可以分成三类，而在系统分类学中是分成 2 个亚目，分别为长角亚目 Nematocera（大部分为蚊类）和短角亚目 Brachycera，而短角亚目则分成 2 个部，即：直裂部 Orthorrhapha，通称为虻类；环裂部 Cyclorrhapha，通称为蝇类。

　　双翅目昆虫习性复杂，卵可以产在食物、水土中，以及植物组织和动物体内，很多种类可以取食植物，也有危害动物的，更有传播疾病的。如斑潜蝇的幼虫在植物叶片内蛀潜道造成危害，常使蔬菜等严重减产；一些虻直接叮咬家畜，甚至可以造成动物贫血；蚊子等更能传播疟疾、登革热等人类疾病。当然，双翅目昆虫中也有不少种类是益虫，如许多食蚜蝇的幼虫取食蚜虫，一只幼虫可以吸干数百只蚜虫的体液，可充当农业害虫的天敌。许多

双翅目昆虫的幼虫还可以通过自身携带植物花粉，在花中活动，为一些植物进行授粉。

　　本书提供了蚊类（长角亚目）10 科、虻类（短角亚目直裂部）6 科以及蝇类（短角亚目环裂部）14 科的种类，共计 30 科 100 种常见双翅目昆虫的生态照片 343 幅，其中 37 种鉴定到种，52 种到属，11 种到科。图册除提供每种昆虫的中文名称和学名外，每张图片均标注了拍摄时间和地点，最后附有中文名称和学名索引。图册中物种的编排，在亚目 / 部中的科，按照汉语拼音的顺序排列；在每个科里，为便于同一属的种类放在一起，按物种的学名顺序排列。书中所有照片均由张润志拍摄，物种名称由杨定进行鉴定。

　　本书部分图片的拍摄和图册的出版，得到了国家科技基础资源调查专项"主要草原区有害昆虫多样性调查（编号 2019FY100400）"的支持。在物种的鉴定过程中，特别得到沈阳师范大学张春田教授、陕西理工大学霍科科教授、中国科学院动物研究所陈小琳副研究员和张魁艳工程师、北京

林业大学张东教授、南开大学林晓龙博士、天津农学院焦克龙博士、北京自然博物馆李竹研究员、河南科技大学李文亮副教授、金华职业技术学院姚刚教授、内蒙古农业大学史丽教授、北京市通州区林业保护站霍姗博士、山东农业大学张婷婷副教授、河南农业大学席玉强副教授、内蒙古包头师范学院琪勒莫格博士、上海市农委技术推广服务中心余慧农艺师、河南科技大学陈旭隆、华中农业大学杨棋程、中国农业大学王亮和张冰研究生等的大力帮助，在此表示衷心感谢！

张润志　杨　定

2021 年 11 月 30 日

目录 Contents

长角亚目 Nematocera /蚊类/

1. 扁角菌蚊科 Keroplatidae
❶ 扁角菌蚊 Keroplatidae

长角亚目

2014 年 10 月 6 日，北京海淀区上庄水库

2. 大蚊科 Tipulidae
❷ 裸大蚊属　*Angarotipula* sp.

长角亚目

扁角菌蚊科

大蚊科　>

蛾蠓科

菌蚊科

毛蚊科

幽蚊科

蚊　科

摇蚊科

瘿蚊科

沼大蚊科

2014 年 6 月 10 日，北京门头沟区妙峰山

2. 大蚊科 Tipulidae

③ 短柄大蚊属　*Nephrotoma* sp.1

2018 年 5 月 24 日，新疆霍城县

长角亚目

扁角菌蚊科

< **大蚊科**

蛾蠓科

菌蚊科

毛蚊科

幽蚊科

蚊　科

摇蚊科

瘿蚊科

沼大蚊科

2. 大蚊科 Tipulidae

❹ 短柄大蚊属　*Nephrotoma* sp.2

长角亚目

扁角菌蚊科

大蚊科 >

蛾蠓科

菌蚊科

毛蚊科

幽蚊科

蚊　科

摇蚊科

瘿蚊科

沼大蚊科

2020年6月9日，四川理县

2. 大蚊科 Tipulidae

❺ 短柄大蚊属 *Nephrotoma* sp.3

2014年6月28日，北京门头沟区妙峰山

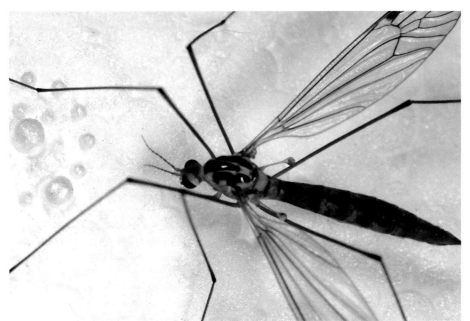

2014年6月28日，北京门头沟区妙峰山

长角亚目

扁角菌蚊科

< **大蚊科**

蛾蠓科

菌蚊科

毛蚊科

幽蚊科

蚊　科

摇蚊科

瘿蚊科

沼大蚊科

2. 大蚊科 Tipulidae
❻ 短柄大蚊属 *Nephrotoma* sp.4

2016年6月20日，黑龙江宝清县

2016年6月20日，黑龙江宝清县

2. 大蚊科 Tipulidae

❼ 短柄大蚊属 *Nephrotoma* sp.5

2010年6月19日，北京顺义区

长角亚目

扁角菌蚊科

< **大蚊科**

蛾蠓科

菌蚊科

毛蚊科

幽蚊科

蚊　科

摇蚊科

瘿蚊科

沼大蚊科

长角亚目 **Nematocera** /蚊类/

2. 大蚊科 Tipulidae

8 大蚊属 *Tipula* sp.1

长角亚目

扁角菌蚊科

大蚊科 >

蛾蠓科

菌蚊科

毛蚊科

幽蚊科

蚊　科

摇蚊科

瘿蚊科

沼大蚊科

2015 年 6 月 18 日，吉林延吉市

2015 年 6 月 18 日，吉林延吉市

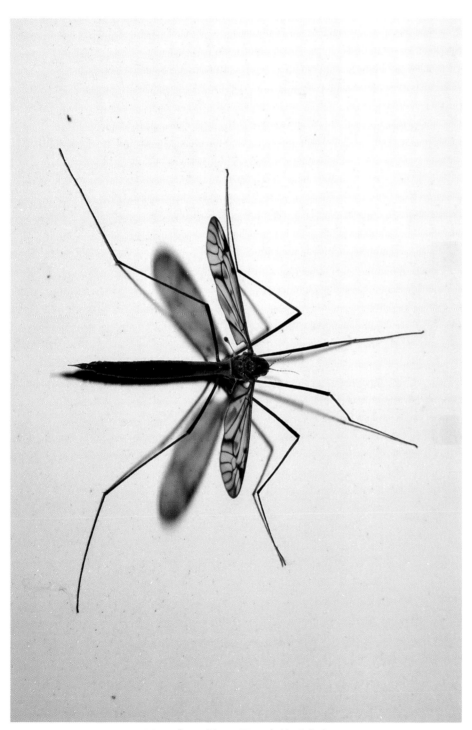

2015 年 6 月 16 日，吉林延吉市

长角亚目

扁角菌蚊科

< 大蚊科

蛾蠓科

菌蚊科

毛蚊科

幽蚊科

蚊　科

摇蚊科

瘿蚊科

沼大蚊科

❽ 大蚊属　*Tipula* sp.1　　009

长角亚目 Nematocera /蚊类/

2. 大蚊科 Tipulidae
❾ 大蚊属 *Tipula* sp.2

长角亚目

扁角菌蚊科

大蚊科 ＞

蛾蠓科

菌蚊科

毛蚊科

幽蚊科

蚊　科

摇蚊科

瘿蚊科

沼大蚊科

2014 年 6 月 10 日，北京门头沟区妙峰山

2014 年 6 月 10 日，北京门头沟区妙峰山

2014 年 6 月 10 日，北京门头沟区妙峰山

长角亚目

扁角菌蚊科

< 大蚊科

蛾蠓科

菌蚊科

毛蚊科

幽蚊科

蚊　科

摇蚊科

瘿蚊科

沼大蚊科

长角亚目 Nematocera /蚊类/

2. 大蚊科 Tipulidae

⑩ 大蚊属 *Tipula* sp.3

长角亚目

扁角菌蚊科

大蚊科 >

蛾蠓科

菌蚊科

毛蚊科

幽蚊科

蚊　科

摇蚊科

瘿蚊科

沼大蚊科

2016 年 6 月 20 日，黑龙江宝清县

2016 年 6 月 20 日，黑龙江宝清县

2016 年 6 月 20 日，黑龙江宝清县

长角亚目

扁角菌蚊科

< 大蚊科

蛾蠓科

菌蚊科

毛蚊科

幽蚊科

蚊　科

摇蚊科

瘿蚊科

沼大蚊科

3. 蛾蠓科 Psychodidae

⑪ 白斑蛾蚋 *Telmatoscopus albipunctata* (Williston)

长角亚目

扁角菌蚊科

大蚊科

蛾蠓科 >

菌蚊科

毛蚊科

幽蚊科

蚊 科

摇蚊科

瘿蚊科

沼大蚊科

2019 年 8 月 12 日，北京朝阳区大屯路

2019 年 8 月 12 日，北京朝阳区大屯路

2019 年 8 月 12 日，北京朝阳区大屯路

2019 年 8 月 13 日，北京朝阳区大屯路

长角亚目

扁角菌蚊科

大蚊科

‹ **蛾蠓科**

菌蚊科

毛蚊科

幽蚊科

蚊　科

摇蚊科

瘿蚊科

沼大蚊科

⑪ 白斑蛾蚋 *Telmatoscopus albipunctata* (Williston)　　015

4. 菌蚊科 Mycetophilidae

⑫ 菌蚊 Mycetophilidae

长角亚目

扁角菌蚊科

大蚊科

蛾蠓科

菌蚊科 >

毛蚊科

幽蚊科

蚊 科

摇蚊科

瘿蚊科

沼大蚊科

2014 年 10 月 6 日，北京海淀区上庄水库

2014 年 10 月 6 日，北京海淀区上庄水库

长角亚目 Nematocera /蚊类/

5. 毛蚊科 Bibionidae

⑬ 棘毛蚊属 *Dilophus* sp.

2020年5月2日，北京昌平区王家园

2020年5月2日，北京昌平区王家园

长角亚目

扁角菌蚊科

大蚊科

蛾蠓科

菌蚊科

< **毛蚊科**

幽蚊科

蚊 科

摇蚊科

瘿蚊科

沼大蚊科

2020 年 5 月 2 日，北京昌平区王家园

6. 幽蚊科 Chaoboridae

⑭ 幽蚊 Chaoboridae

2015年8月15日，黑龙江虎林市虎头镇

长角亚目

扁角菌蚊科

大蚊科

蛾蠓科

菌蚊科

毛蚊科

< **幽蚊科**

蚊 科

摇蚊科

瘿蚊科

沼大蚊科

长角亚目 **Nematocera** /蚊类/

7. 蚊科 Culicidae

⑮ 白纹伊蚊 *Aedes albopictus* (Skuse)

长角亚目

扁角菌蚊科

大蚊科

蛾蠓科

菌蚊科

毛蚊科

幽蚊科

蚊 科 >

摇蚊科

瘿蚊科

沼大蚊科

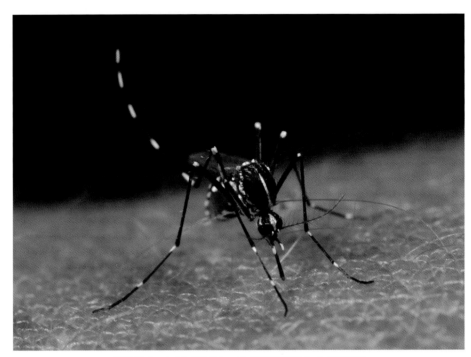

2020 年 9 月 27 日，北京朝阳区农业展览馆

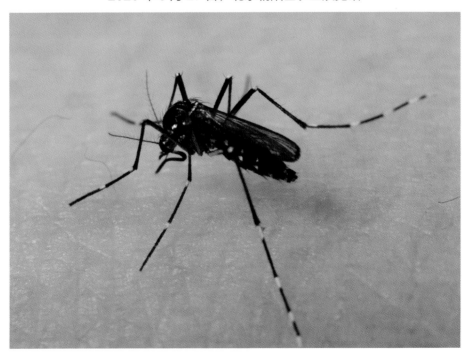

2020 年 9 月 16 日，北京朝阳区大屯路

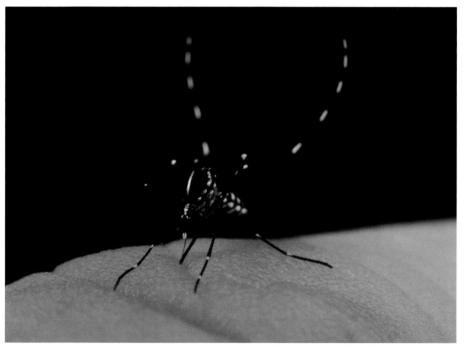

2020 年 9 月 27 日，北京朝阳区农业展览馆

2020 年 9 月 13 日，天津宝坻区

长角亚目

扁角菌蚊科

大蚊科

蛾蠓科

菌蚊科

毛蚊科

幽蚊科

< 蚊 科

摇蚊科

瘿蚊科

沼大蚊科

⑮ 白纹伊蚊　*Aedes albopictus* (Skuse)　021

长角亚目 **Nematocera** /蚊类/

7. 蚊科 Culicidae

⑯ 淡色库蚊 *Culex pipiens pallens* Coquillett

长角亚目

扁角菌蚊科

大蚊科

蛾蠓科

菌蚊科

毛蚊科

幽蚊科

蚊 科 >

摇蚊科

瘿蚊科

沼大蚊科

2020 年 9 月 26 日，天津宝坻区

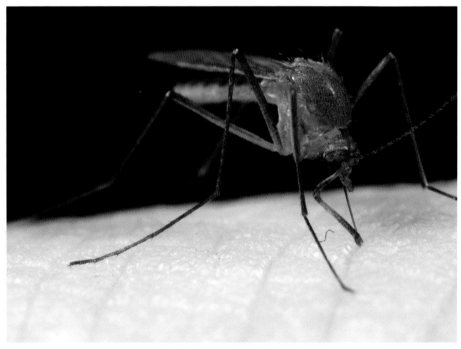

2020 年 9 月 26 日，天津宝坻区

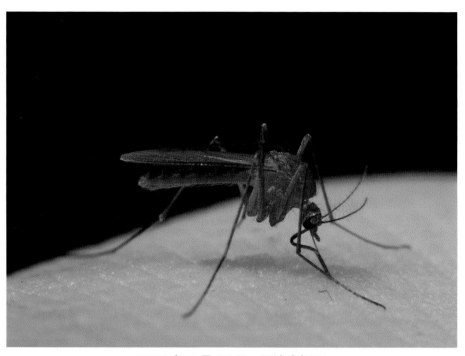

2020 年 9 月 26 日，天津宝坻区

长角亚目

扁角菌蚊科

大蚊科

蛾蠓科

菌蚊科

毛蚊科

幽蚊科

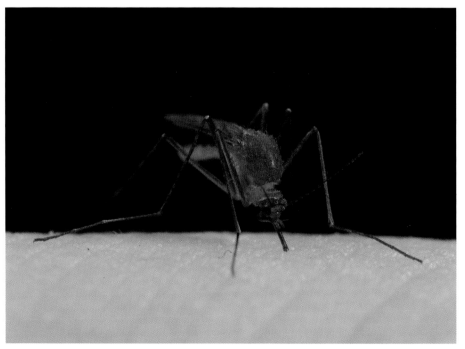

2020 年 9 月 26 日，天津宝坻区

< **蚊 科**

摇蚊科

瘿蚊科

沼大蚊科

⑯ 淡色库蚊　*Culex pipiens pallens* Coquillett　023

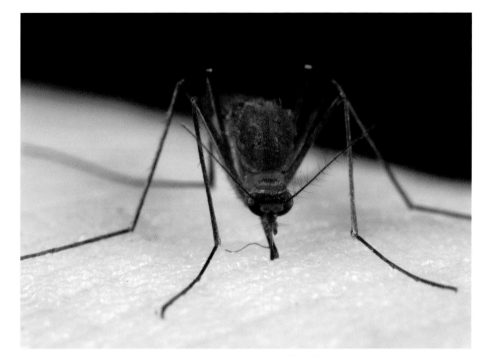

2020 年 9 月 26 日，天津宝坻区

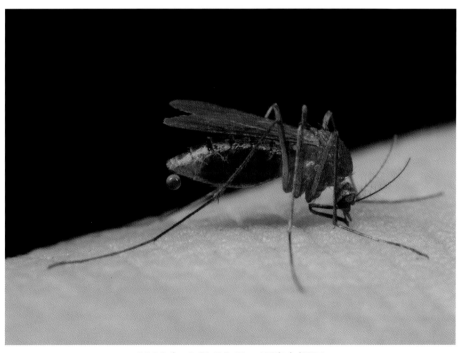

2020 年 9 月 26 日，天津宝坻区

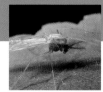

长角亚目 Nematocera /蚊类/

8. 摇蚊科 Chironomidae
❶ 摇蚊属 *Chironomus* sp.1

长角亚目

扁角菌蚊科

大蚊科

蛾蠓科

菌蚊科

毛蚊科

幽蚊科

蚊 科

< 摇蚊科

瘿蚊科

沼大蚊科

2020年7月2日，北京昌平区沙河水库，雄性

2020年7月2日，北京昌平区沙河水库，雄性

2020 年 7 月 2 日，北京昌平区沙河水库，雌性

2020 年 7 月 2 日，北京昌平区沙河水库，雌性

8. 摇蚊科 Chironomidae
⑱ 摇蚊属 *Chironomus* sp.2

2021年3月25日，广东广州市增城区

2021年3月25日，广东广州市增城区

长角亚目

扁角菌蚊科

大蚊科

蛾蠓科

菌蚊科

毛蚊科

幽蚊科

蚊 科

< 摇蚊科

瘿蚊科

沼大蚊科

長角亞目

扁角菌蚊科

大蚊科

蛾蠓科

菌蚊科

毛蚊科

幽蚊科

蚊 科

摇蚊科 >

瘿蚊科

沼大蚊科

2021年3月25日，广东广州市增城区

2021年3月25日，广东广州市增城区

长角亚目 **Nematocera** / 蚊类 /

8. 摇蚊科 Chironomidae
❶9 摇蚊属 *Chironomus* sp.3

2020年1月6—7日，北京昌平区沙河水库，雌性

2020年1月6—7日，北京昌平区沙河水库，雌性

长角亚目

扁角菌蚊科

大蚊科

蛾蠓科

菌蚊科

毛蚊科

幽蚊科

蚊　科

< 摇蚊科

瘿蚊科

沼大蚊科

2006 年 5 月 21 日，北京海淀区翠湖湿地，雌性

2006 年 5 月 21 日，北京海淀区翠湖湿地，雄性

8. 摇蚊科 Chironomidae
⑳ 摇蚊属 *Chironomus* sp.4

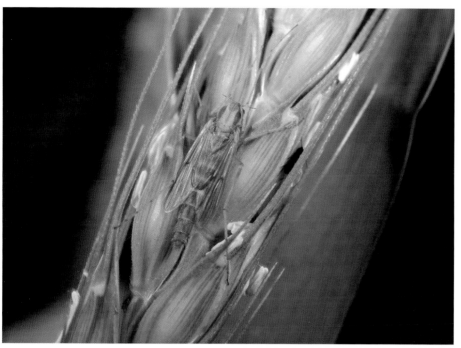

2015年5月2日，天津宝坻区，雌性，小麦田

2021年7月3日，天津宝坻区，雄性

长角亚目

扁角菌蚊科

大蚊科

蛾蠓科

菌蚊科

毛蚊科

幽蚊科

蚊　科

< **摇蚊科**

瘿蚊科

沼大蚊科

2021 年 7 月 3 日，天津宝坻区，雄性

2021 年 7 月 3 日，天津宝坻区，雄性

2021 年 7 月 3 日，天津宝坻区，雄性

长角亚目

扁角菌蚊科

大蚊科

蛾蠓科

菌蚊科

毛蚊科

幽蚊科

蚊　科

< 摇蚊科

瘿蚊科

沼大蚊科

2021 年 7 月 3 日，天津宝坻区，雄性

2021 年 7 月 3 日，天津宝坻区，雄性

长角亚目 **Nematocera** / 蚊类 /

9. 瘿蚊科 Cecidomyiidae

㉑ 枸杞红瘿蚊 *Jaapiella* sp.

2015 年 6 月 10 日，宁夏中宁县，危害状

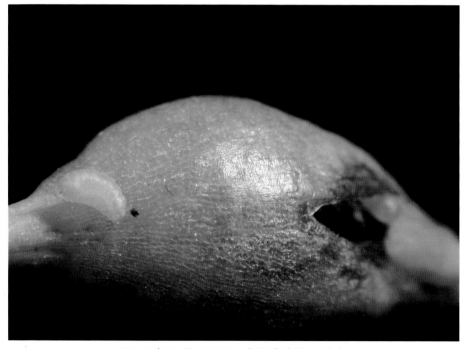

2015 年 6 月 10 日，宁夏中宁县，幼虫

长角亚目

扁角菌蚊科

大蚊科

蛾蠓科

菌蚊科

毛蚊科

幽蚊科

蚊　科

摇蚊科

< **瘿蚊科**

沼大蚊科

2015 年 6 月 10 日，宁夏中宁县，幼虫

2015 年 6 月 10 日，宁夏中宁县，蛹

长角亚目 **Nematocera** / 蚊类 /

10. 沼大蚊科 Limoniidae
㉒ 沼大蚊 Limoniidae

2015 年 6 月 16 日，吉林延吉市

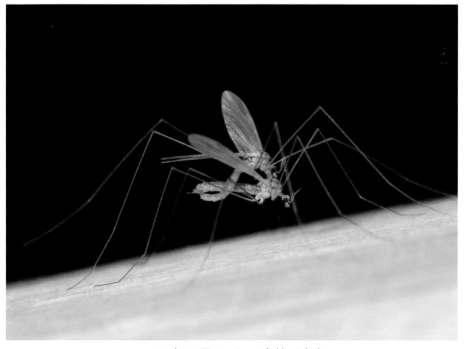

2015 年 6 月 16 日，吉林延吉市

长角亚目

扁角菌蚊科

大蚊科

蛾蠓科

菌蚊科

毛蚊科

幽蚊科

蚊　科

摇蚊科

瘿蚊科

‹ 沼大蚊科

11. 长足虻科 Dolichopodidae
㉓ 寡长足虻属 *Hercostomus* sp.1

短角亚目
直裂部

长足虻科 >

蜂虻科

虻　科

木虻科

食虫虻科

水虻科

2020 年 8 月 16 日，北京延庆区四海镇

11. 长足虻科 Dolichopodidae
㉔ 寡长足虻属 *Hercostomus* sp.2

短角亚目
直裂部

< 长足虻科

蜂虻科

虻 科

木虻科

食虫虻科

水虻科

2020年9月15日，内蒙古鄂尔多斯市

11. 长足虻科 Dolichopodidae
㉕ 丽长足虻属 *Sciapus* sp.

短角亚目
直裂部

长足虻科 >

蜂虻科

虻 科

木虻科

食虫虻科

水虻科

2013 年 8 月 17 日，河北乐亭县

2020 年 7 月 4 日，北京昌平区老君堂

短角亚目 **Brachycera** 直裂部 **Orthorrhapha** /虻类/

12. 蜂虻科 Bombyliidae
❷❻ 雏蜂虻属 *Anastoechus* sp.1

2018 年 8 月 2 日，新疆木垒哈萨克自治县

2018 年 8 月 2 日，新疆木垒哈萨克自治县

短角亚目
直裂部

长足虻科

< 蜂虻科

虻　科

木虻科

食虫虻科

水虻科

12. 蜂虻科 Bombyliidae
㉗ 雏蜂虻属 *Anastoechus* sp.2

**短角亚目
直裂部**

长足虻科

蜂虻科 >

2013 年 8 月 8 日，内蒙古锡林郭勒盟

虻　科

木虻科

食虫虻科

水虻科

2013 年 8 月 8 日，内蒙古锡林郭勒盟

短角亚目 *Brachycera* 直裂部 *Orthorrhapha* / 虻类 /

12. 蜂虻科 Bombyliidae

28 雏蜂虻属 *Anastoechus* sp.3

2013 年 9 月 20 日，河北玉田县

2013 年 9 月 20 日，河北玉田县

短角亚目
直裂部

长足虻科

< **蜂虻科**

虻　科

木虻科

食虫虻科

水虻科

12. 蜂虻科 Bombyliidae
㉙ 驼蜂虻属 *Geron* sp.

短角亚目
直裂部

长足虻科

蜂虻科 >

虻　科

木虻科

食虫虻科

水虻科

2020 年 7 月 4 日，北京昌平区老君堂

2020 年 7 月 4 日，北京昌平区老君堂

2020 年 7 月 4 日，北京昌平区老君堂

短角亚目
直裂部

长足虻科

< **蜂虻科**

虻　科

木虻科

食虫虻科

水虻科

短角亚目
直裂部

长足虻科

蜂虻科 >

虻 科

木虻科

食虫虻科

水虻科

2020 年 7 月 4 日，北京昌平区老君堂

2020 年 7 月 4 日，北京昌平区老君堂

2020 年 7 月 4 日，北京昌平区老君堂

2020 年 7 月 4 日，北京昌平区老君堂

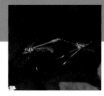
12. 蜂虻科 Bombyliidae
③⓪ 姬蜂虻属 *Systropus* sp.

短角亚目
直裂部

长足虻科

蜂虻科 ＞

虻　科

木虻科

食虫虻科

水虻科

2020 年 8 月 16 日，北京延庆区四海镇

长足虻科

2020 年 8 月 16 日，北京延庆区四海镇

蜂虻科

虻　科

木虻科

食虫虻科

2020 年 8 月 16 日，北京延庆区四海镇

水虻科

短角亚目
直裂部

长足虻科

蜂虻科 >

虻　科

木虻科

食虫虻科

水虻科

2020 年 8 月 16 日，北京延庆区四海镇

2020 年 8 月 16 日，北京延庆区四海镇

短角亚目 **Brachycera** 直裂部 **Orthorrhapha** / 虻类 /

13. 虻科 Tabanidae
③ 骚扰黄虻 *Atylotus miser* (Szilády)

短角亚目
直裂部

长足虻科

蜂虻科

2020 年 8 月 8 日，北京延庆区四海镇

< **虻 科**

木虻科

食虫虻科

水虻科

2020 年 8 月 8 日，北京延庆区四海镇

2020 年 8 月 8 日，北京延庆区四海镇

2020 年 8 月 8 日，北京延庆区四海镇

2020 年 8 月 8 日，北京延庆区四海镇

长足虻科

蜂虻科

2020 年 8 月 8 日，北京延庆区四海镇

木虻科

食虫虻科

水虻科

31 骚扰黄虻 *Atylotus miser* (Szilády)

短角亚目
直裂部

长足虻科

蜂虻科

2020 年 8 月 8 日，北京延庆区四海镇

虻　科 >

木虻科

食虫虻科

水虻科

2020 年 8 月 8 日，北京延庆区四海镇

百种双翅目昆虫生态图册

13. 虻科 Tabanidae
③② 条纹斑虻 *Chrysops striatulus* Pechuman

2006年9月18日，四川雅安市

2006年9月18日，四川雅安市

**短角亚目
直裂部**

长足虻科

蜂虻科

< 虻 科

木虻科

食虫虻科

水虻科

13. 虻科 Tabanidae

㉝ 斯氏麻虻 *Haematopota stackelbergi* Olsufjev

**短角亚目
直裂部**

长足虻科

蜂虻科

虻 科 >

木虻科

食虫虻科

水虻科

2015 年 6 月 16 日，吉林延吉市

13. 虻科 Tabanidae

㉞ 土耳其麻虻 *Haematopota turkestanica* (Kröber)

2014 年 7 月 24 日，内蒙古新巴尔虎左旗

2014 年 7 月 24 日，内蒙古新巴尔虎左旗

短角亚目
直裂部

长足虻科

蜂虻科

< 虻 科

木虻科

食虫虻科

水虻科

13. 虻科 Tabanidae
㉟ 虻属 *Tabanus* sp.

**短角亚目
直裂部**

长足虻科

蜂虻科

虻 科 >

木虻科

食虫虻科

水虻科

2014 年 7 月 22 日，北京延庆区水关长城

短角亚目 Brachycera 直裂部 Orthorrhapha / 虻类 /

13. 虻科 Tabanidae

㊱ 汉氏虻 *Tabanus haysi* Philip

2021 年 7 月 22 日，辽宁兴城市磨盘山

2021 年 7 月 22 日，辽宁兴城市磨盘山

短角亚目
直裂部

长足虻科

蜂虻科

< 虻 科

木虻科

食虫虻科

水虻科

㊱ 汉氏虻 *Tabanus haysi* Philip　　059

长足虻科

蜂虻科

木虻科

食虫虻科

水虻科

2021 年 7 月 22 日，辽宁兴城市磨盘山

2021 年 7 月 22 日，辽宁兴城市磨盘山

14. 木虻科 Xylomyidae

37 木虻属 *Xylomya* sp.

2015 年 6 月 16 日，吉林延吉市

短角亚目
直裂部

长足虻科

蜂虻科

虻　科

< **木虻科**

食虫虻科

水虻科

15. 食虫虻科 Asilidae
③⑧ 食虫虻　Asilidae 1

2020 年 7 月 4 日，北京怀柔区黄花城

2020 年 7 月 4 日，北京怀柔区黄花城

2020 年 7 月 4 日，北京怀柔区黄花城

短角亚目
直裂部

长足虻科

蜂虻科

虻　科

木虻科

< 食虫虻科

水虻科

长足虻科

蜂虻科

虻　科

木虻科

食虫虻科 >

水虻科

2014 年 7 月 22 日，北京延庆区水关长城

2020 年 8 月 8 日，北京延庆区四海镇

2020 年 9 月 16 日，北京朝阳区农业展览馆

短角亚目
直裂部

长足虻科

蜂虻科

虻　科

木虻科

< 食虫虻科

水虻科

长足虻科

蜂虻科

虻　科

2021 年 7 月 16 日，北京朝阳区农业展览馆

木虻科

食虫虻科 >

水虻科

2021 年 7 月 16 日，北京朝阳区农业展览馆

2020 年 9 月 16 日，北京朝阳区农业展览馆

2020 年 9 月 27 日，北京朝阳区农业展览馆

短角亚目
直裂部

长足虻科

蜂虻科

虻　科

木虻科

< 食虫虻科

水虻科

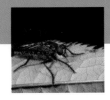

15. 食虫虻科 Asilidae
⑩ 食虫虻　Asilidae 3

短角亚目
直裂部

长足虻科

蜂虻科

虻　科

木虻科

食虫虻科 >

水虻科

2018 年 7 月 19 日，西藏林芝市鲁朗牧场

2018 年 7 月 19 日，西藏林芝市鲁朗牧场

15. 食虫虻科 Asilidae

④ 食虫虻　Asilidae 4

2021 年 7 月 22 日，辽宁兴城市磨盘山

2021 年 7 月 22 日，辽宁兴城市磨盘山

短角亚目
直裂部

长足虻科

蜂虻科

虻　科

木虻科

< **食虫虻科**

水虻科

16. 水虻科 Stratiomyidae
❷ 金黄指突水虻　*Ptecticus aurifer* (Walker)

短角亚目
直裂部

长足虻科

蜂虻科

虻　科

木虻科

食虫虻科

2013 年 8 月 21 日，北京密云区古北口

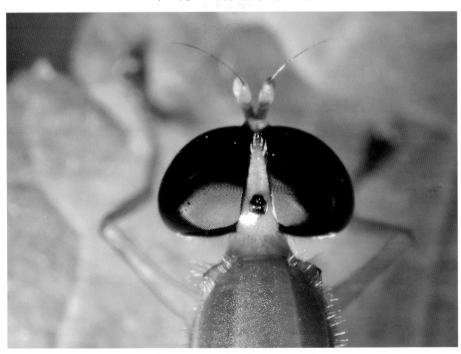

2013 年 8 月 21 日，北京密云区古北口

2020 年 6 月 10 日，四川理县

长足虻科

蜂虻科

虻　科

木虻科

2020 年 6 月 10 日，四川理县

食虫虻科

< 水虻科

㊷ 金黄指突水虻　*Ptecticus aurifer* (Walker)

16. 水虻科 Stratiomyidae

❸ 日本指突水虻 *Ptecticus japonicus* (Thunberg)

短角亚目
直裂部

长足虻科

蜂虻科

虻　科

木虻科

食虫虻科

水虻科 >

2021 年 7 月 23 日, 辽宁兴城市

短角亚目 Brachycera 直裂部 Orthorrhapha / 虻类 /

16. 水虻科 Stratiomyidae

④ 水虻属 *Stratiomys* sp.

短角亚目
直裂部

长足虻科

蜂虻科

虻　科

木虻科

食虫虻科

< 水虻科

2015 年 5 月 2 日，天津宝坻区

2015 年 5 月 2 日，天津宝坻区

④ 水虻属 *Stratiomys* sp.　　073

17. 鼻蝇科 Rhiniidae

㊺ 鼻蝇　Rhiniidae

**短角亚目
环裂部**

2020 年 7 月 27 日，江苏扬州市

2020 年 7 月 27 日，江苏扬州市

2020 年 7 月 27 日，江苏扬州市

2020 年 9 月 16 日，北京朝阳区农业展览馆

2020 年 9 月 16 日，北京朝阳区农业展览馆

2020 年 8 月 8 日，北京延庆区四海镇

短角亚目
环裂部

< 鼻蝇科

缟蝇科

鼓翅蝇科

广口蝇科

花蝇科

寄蝇科

丽蝇科

麻蝇科

潜蝇科

实蝇科

食蚜蝇科

水蝇科

头蝇科

蝇　科

2020 年 8 月 16 日，北京延庆区四海镇

2020 年 8 月 8 日，北京延庆区四海镇

2020 年 8 月 16 日，北京延庆区四海镇

2021年7月3日，天津宝坻区

2021年7月3日，天津宝坻区

短角亚目
环裂部

< 鼻蝇科

缟蝇科

鼓翅蝇科

广口蝇科

花蝇科

寄蝇科

丽蝇科

麻蝇科

潜蝇科

实蝇科

食蚜蝇科

水蝇科

头蝇科

蝇　科

2021 年 7 月 3 日，天津宝坻区

2021 年 7 月 3 日，天津宝坻区

2021 年 8 月 22 日，天津宝坻区，荷花

2021 年 8 月 22 日，天津宝坻区，荷花

< **鼻蝇科**

缟蝇科

鼓翅蝇科

广口蝇科

花蝇科

寄蝇科

丽蝇科

麻蝇科

潜蝇科

实蝇科

食蚜蝇科

水蝇科

头蝇科

蝇　科

短角亚目 Brachycera 环裂部 Cyclorrhapha / 蝇类 /

18. 缟蝇科 Lauxaniidae
⑯ 同脉缟蝇属 *Homoneura* sp.1

**短角亚目
环裂部**

鼻蝇科

缟蝇科 >

鼓翅蝇科

广口蝇科

花蝇科

寄蝇科

丽蝇科

麻蝇科

潜蝇科

实蝇科

食蚜蝇科

水蝇科

头蝇科

蝇 科

2013 年 10 月 4 日，河北迁西县青山关

2013 年 10 月 4 日，河北迁西县青山关

短角亚目 **Brachycera** 环裂部 **Cyclorrhapha** /蝇类/

18. 缟蝇科 Lauxaniidae
㊼ 同脉缟蝇属 *Homoneura* sp.2

2021 年 6 月 27 日，北京门头沟区妙峰山

2021 年 6 月 27 日，北京门头沟区妙峰山

**短角亚目
环裂部**

鼻蝇科

< **缟蝇科**

鼓翅蝇科

广口蝇科

花蝇科

寄蝇科

丽蝇科

麻蝇科

潜蝇科

实蝇科

食蚜蝇科

水蝇科

头蝇科

蝇　科

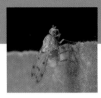
18. 缟蝇科 Lauxaniidae
㊽ 同脉缟蝇属 *Homoneura* sp.3

2021 年 8 月 13 日，北京顺义区衙门村

18. 缟蝇科 Lauxaniidae

㊾ 黑缟蝇属 *Minettia* sp.

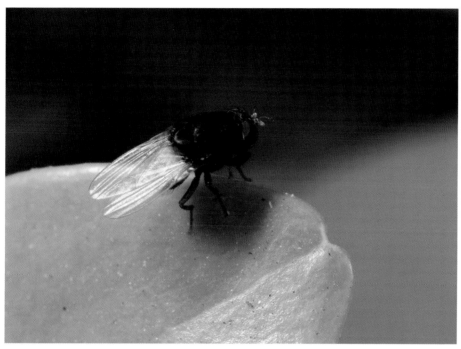

2021年3月26日，广东广州市增城区

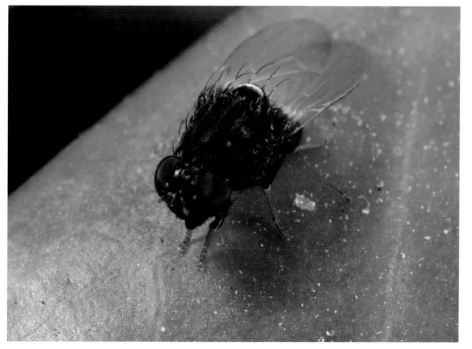

2021年3月26日，广东广州市增城区

2021 年 3 月 26 日，广东广州市增城区

2021 年 3 月 26 日，广东广州市增城区

19. 鼓翅蝇科 Sepsidae

⑩ 鼓翅蝇 Sepsidae

2021 年 5 月 22 日，天津宝坻区

2021 年 5 月 22 日，天津宝坻区

短角亚目
环裂部

鼻蝇科

缟蝇科

< **鼓翅蝇科**

广口蝇科

花蝇科

寄蝇科

丽蝇科

麻蝇科

潜蝇科

实蝇科

食蚜蝇科

水蝇科

头蝇科

蝇 科

2021 年 5 月 22 日，天津宝坻区

2021 年 5 月 22 日，天津宝坻区

20. 广口蝇科 Platystomatidae

(51) 端带广口蝇 *Rivellia apicalis* Hendel

2021 年 7 月 17 日，天津宝坻区

短角亚目
环裂部
鼻蝇科
缟蝇科
鼓翅蝇科
< 广口蝇科
花蝇科
寄蝇科
丽蝇科
麻蝇科
潜蝇科
实蝇科
食蚜蝇科
水蝇科
头蝇科
蝇 科

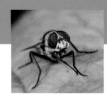
21. 花蝇科 Anthomyiidae

㊾横带花蝇 *Anthomyia illocata* Walker

2020 年 8 月 2 日，天津宝坻区

2020 年 8 月 2 日，天津宝坻区

 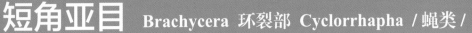

21. 花蝇科 Anthomyiidae
㊿ 花蝇属 *Anthomyia* sp.1

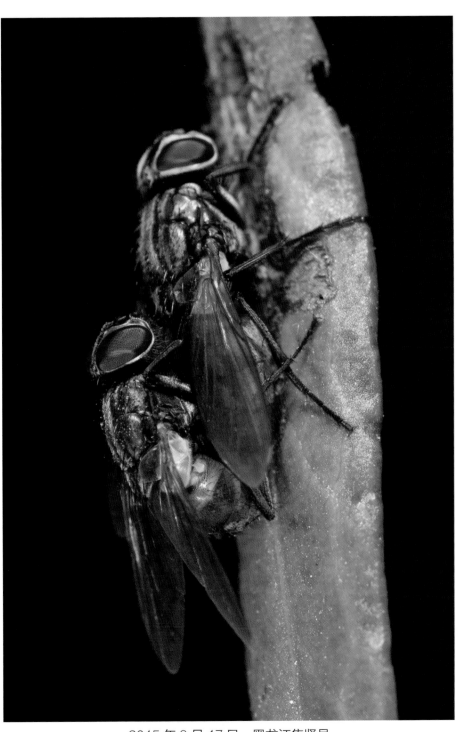

2015 年 8 月 17 日，黑龙江集贤县

短角亚目
环裂部

鼻蝇科

缟蝇科

鼓翅蝇科

广口蝇科

< 花蝇科

寄蝇科

丽蝇科

麻蝇科

潜蝇科

实蝇科

食蚜蝇科

水蝇科

头蝇科

蝇 科

2020 年 6 月 10 日，四川金川县

22. 寄蝇科 Tachinidae
⑤⑤ 栉蚤寄蝇属 *Ctenophorinia* sp.

2019年7月13日，天津宝坻区

短角亚目
环裂部

鼻蝇科

缟蝇科

鼓翅蝇科

广口蝇科

花蝇科

< **寄蝇科**

丽蝇科

麻蝇科

潜蝇科

实蝇科

食蚜蝇科

水蝇科

头蝇科

蝇　科

2019 年 7 月 13 日，天津宝坻区

2019 年 7 月 13 日，天津宝坻区

2019 年 7 月 13 日，天津宝坻区

2019 年 7 月 13 日，天津宝坻区

**短角亚目
环裂部**

鼻蝇科

缟蝇科

鼓翅蝇科

广口蝇科

花蝇科

< **寄蝇科**

丽蝇科

麻蝇科

潜蝇科

实蝇科

食蚜蝇科

水蝇科

头蝇科

蝇　科

2019 年 7 月 13 日，天津宝坻区

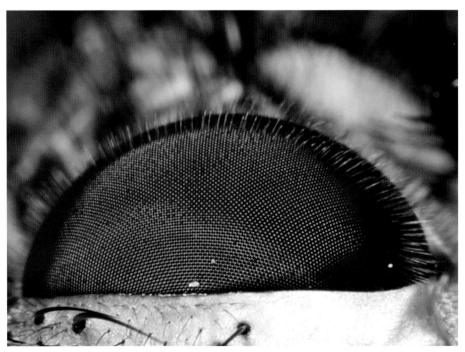

2019 年 7 月 13 日，天津宝坻区

短角亚目 Brachycera 环裂部 Cyclorrhapha /蝇类/

22. 寄蝇科 Tachinidae

56 赘诺寄蝇属 *Drinomyia* sp.

2014 年 7 月 26 日，内蒙古鄂温克族自治旗

2014 年 7 月 26 日，内蒙古鄂温克族自治旗

**短角亚目
环裂部**

鼻蝇科

缟蝇科

鼓翅蝇科

广口蝇科

花蝇科

< **寄蝇科**

丽蝇科

麻蝇科

潜蝇科

实蝇科

食蚜蝇科

水蝇科

头蝇科

蝇　科

22. 寄蝇科 Tachinidae
㊗ 追寄蝇属 *Exorista* sp.

短角亚目
环裂部

鼻蝇科

缟蝇科

鼓翅蝇科

广口蝇科

花蝇科

寄蝇科 ＞

丽蝇科

麻蝇科

潜蝇科

实蝇科

食蚜蝇科

水蝇科

头蝇科

蝇 科

2020 年 7 月 9 日，北京朝阳区大屯路

2020 年 7 月 9 日，北京朝阳区大屯路

58 普通球腹寄蝇 *Gymnosoma rotundatum* (Linnaeus)

2020 年 8 月 8 日，北京延庆区四海镇

短角亚目
环裂部

鼻蝇科

缟蝇科

鼓翅蝇科

广口蝇科

花蝇科

< **寄蝇科**

丽蝇科

麻蝇科

潜蝇科

实蝇科

食蚜蝇科

水蝇科

头蝇科

蝇　科

2020 年 8 月 8 日，北京延庆区四海镇

2020 年 8 月 8 日，北京延庆区四海镇

2020 年 8 月 8 日，北京延庆区四海镇

2020 年 8 月 8 日，北京延庆区四海镇

58 **普通球腹寄蝇** *Gymnosoma rotundatum* (Linnaeus)　　101

22. 寄蝇科 Tachinidae

❺❾ 金龟长喙寄蝇　*Prosena siberita* (Fabricius)

2020 年 6 月 11 日，四川金川县

22. 寄蝇科 Tachinidae
60 寄蝇属 *Tachina (Nowickia)* sp.

2020 年 3 月 22 日，北京昌平区沙河水库

短角亚目 环裂部

鼻蝇科

缟蝇科

鼓翅蝇科

广口蝇科

花蝇科

< **寄蝇科**

丽蝇科

麻蝇科

潜蝇科

实蝇科

食蚜蝇科

水蝇科

头蝇科

蝇 科

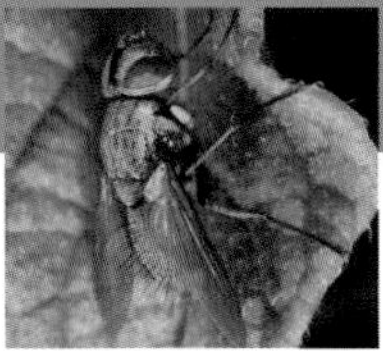

22. 寄蝇科 Tachinidae

(61) 彩寄蝇属 *Zenillia* sp.

短角亚目
环裂部

鼻蝇科
缟蝇科
鼓翅蝇科
广口蝇科
花蝇科
寄蝇科 >
丽蝇科
麻蝇科
潜蝇科
实蝇科
食蚜蝇科
水蝇科
头蝇科
蝇　科

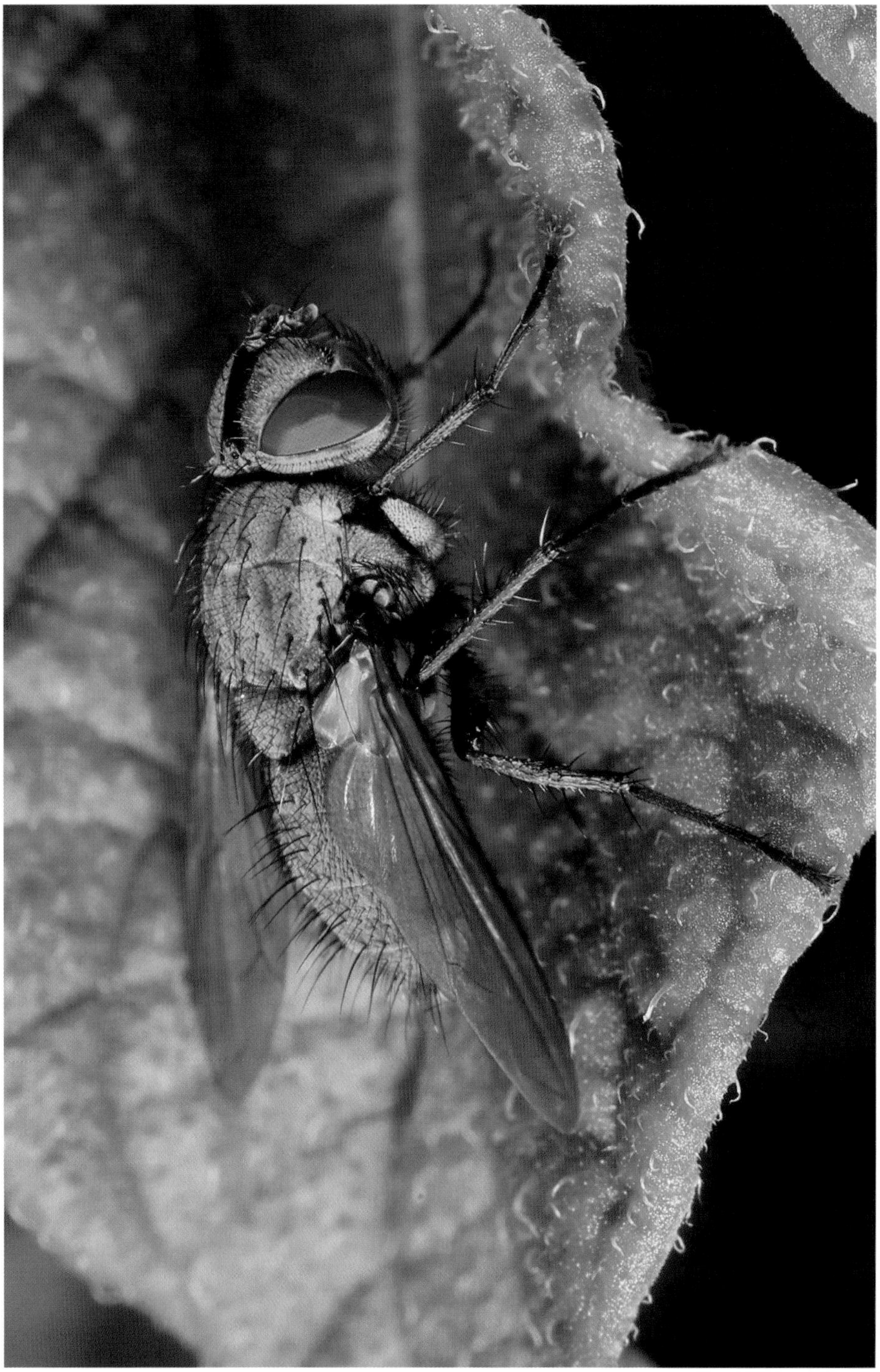

2018 年 7 月 21 日，西藏墨竹工卡县

短角亚目 Brachycera 环裂部 Cyclorrhapha /蝇类/

23. 丽蝇科 Calliphoridae

⑫ 丽蝇属 *Calliphora* sp.

2018年7月19日，西藏林芝市鲁朗牧场

2018年7月21日，西藏墨竹工卡县

短角亚目
环裂部

鼻蝇科

缟蝇科

鼓翅蝇科

广口蝇科

花蝇科

寄蝇科

< **丽蝇科**

麻蝇科

潜蝇科

实蝇科

食蚜蝇科

水蝇科

头蝇科

蝇　科

⑫ 丽蝇属　*Calliphora* sp.　　105

短角亚目 Brachycera 环裂部 Cyclorrhapha /蝇类/

23. 丽蝇科 Calliphoridae

⑫ 丽蝇属 *Calliphora* sp.

短角亚目
环裂部

鼻蝇科

缟蝇科

鼓翅蝇科

广口蝇科

花蝇科

寄蝇科

< 丽蝇科

麻蝇科

潜蝇科

实蝇科

食蚜蝇科

水蝇科

头蝇科

蝇　科

2018年7月19日，西藏林芝市鲁朗牧场

2018年7月21日，西藏墨竹工卡县

⑫ 丽蝇属　*Calliphora* sp.

23. 丽蝇科 Calliphoridae
63 金蝇属 *Chrysomya* sp.

2013 年 10 月 3 日，河北乐亭县

2013 年 10 月 3 日，河北乐亭县

2015 年 8 月 16 日，黑龙江同江市

2020 年 8 月 29 日，天津宝坻区

2020 年 8 月 29 日，天津宝坻区

2020 年 8 月 29 日，天津宝坻区

短角亚目
环裂部

鼻蝇科

缟蝇科

鼓翅蝇科

广口蝇科

花蝇科

寄蝇科

< **丽蝇科**

麻蝇科

潜蝇科

实蝇科

食蚜蝇科

水蝇科

头蝇科

蝇　科

23. 丽蝇科 Calliphoridae
64 绿蝇属 *Lucilia* sp.

2021 年 8 月 13 日，北京怀柔区

2021 年 3 月 26 日，广东广州市增城区

2021 年 3 月 26 日，广东广州市增城区

2021 年 3 月 26 日，广东广州市增城区

24. 麻蝇科 Sarcophagidae
65 麻蝇属 *Sarcophaga* sp.

2021年8月13日，北京顺义区衙门村

2021 年 5 月 8 日，北京朝阳区奥森公园

2021 年 7 月 16 日，北京朝阳区农业展览馆

65 麻蝇属 *Sarcophaga* sp.　113

2013 年 8 月 27 日，北京顺义区

2020 年 8 月 30 日，北京怀柔区黄花城

2013 年 9 月 20 日，天津蓟县

2015 年 8 月 5 日，辽宁桓仁满族自治县

短角亚目
环裂部

鼻蝇科

缟蝇科

鼓翅蝇科

广口蝇科

花蝇科

寄蝇科

丽蝇科

< 麻蝇科

潜蝇科

实蝇科

食蚜蝇科

水蝇科

头蝇科

蝇 科

25. 潜蝇科 Agromyzidae
⑥⑥ 番茄斑潜蝇 *Liriomyza bryoniae* (Kaltenbach)

2018 年 7 月 22 日，西藏拉萨市

2018 年 7 月 22 日，西藏拉萨市

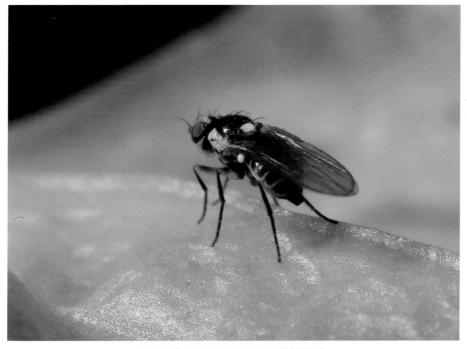

2018 年 7 月 22 日，西藏拉萨市

短角亚目
环裂部

鼻蝇科

缟蝇科

鼓翅蝇科

广口蝇科

花蝇科

寄蝇科

丽蝇科

麻蝇科

< 潜蝇科

实蝇科

食蚜蝇科

水蝇科

头蝇科

蝇　科

⑥⑥ **番茄斑潜蝇**　*Liriomyza bryoniae* (Kaltenbach)　　117

2018 年 7 月 22 日，西藏拉萨市

2018 年 7 月 22 日，西藏拉萨市

2018 年 7 月 22 日，西藏拉萨市，蛹

2018 年 7 月 22 日，西藏拉萨市，危害状

2018 年 7 月 22 日，西藏拉萨市，危害状

25. 潜蝇科 Agromyzidae
⑥⑦ 斑潜蝇属 *Liriomyza* sp.

2019 年 3 月 9 日，北京顺义区衙门村，西红柿

2019 年 3 月 9 日，北京顺义区衙门村，西红柿

2019 年 3 月 9 日，北京顺义区衙门村，西红柿

2019年3月9日，北京顺义区衙门村，蛹，西红柿

2019年3月9日，北京顺义区衙门村，蛹，西红柿

短角亚目
环裂部

鼻蝇科

缟蝇科

鼓翅蝇科

广口蝇科

花蝇科

寄蝇科

丽蝇科

麻蝇科

< **潜蝇科**

实蝇科

食蚜蝇科

水蝇科

头蝇科

蝇　科

67 斑潜蝇属　*Liriomyza* sp.　123

2019 年 3 月 9 日，北京顺义区衙门村，蛹，西红柿

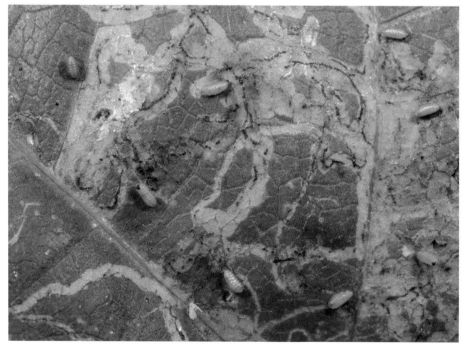

2019 年 3 月 9 日，北京顺义区衙门村，蛹，西红柿

2019 年 3 月 9 日，北京顺义区衙门村，蛹，西红柿

2019 年 3 月 9 日，北京顺义区衙门村，蛹，西红柿

短角亚目
环裂部

鼻蝇科

缟蝇科

鼓翅蝇科

广口蝇科

花蝇科

寄蝇科

丽蝇科

麻蝇科

< 潜蝇科

实蝇科

食蚜蝇科

水蝇科

头蝇科

蝇 科

67 斑潜蝇属　*Liriomyza* sp.　125

2019年3月9日，北京顺义区衙门村，蛹，西红柿

2019年3月9日，北京顺义区衙门村，危害状，西红柿

26. 实蝇科 Tephritidae

⑥⑧ 南亚果实蝇 *Bactrocera (Zeugodacus) tau* (Walker)

2018 年 9 月 13 日，贵州都匀市

2018 年 9 月 13 日，贵州都匀市

短角亚目
环裂部

鼻蝇科

缟蝇科

鼓翅蝇科

广口蝇科

花蝇科

寄蝇科

丽蝇科

麻蝇科

潜蝇科

< **实蝇科**

食蚜蝇科

水蝇科

头蝇科

蝇　科

2018 年 9 月 13 日，贵州都匀市

26. 实蝇科 Tephritidae

⑥⑨ 枣实蝇 *Carpomya vesuviana* Costa

2007 年 9 月 25 日，新疆吐鲁番市，标本

**短角亚目
环裂部**

鼻蝇科

缟蝇科

鼓翅蝇科

广口蝇科

花蝇科

寄蝇科

丽蝇科

麻蝇科

潜蝇科

< **实蝇科**

食蚜蝇科

水蝇科

头蝇科

蝇　科

2007 年 10 月 10 日，新疆鄯善县，幼虫

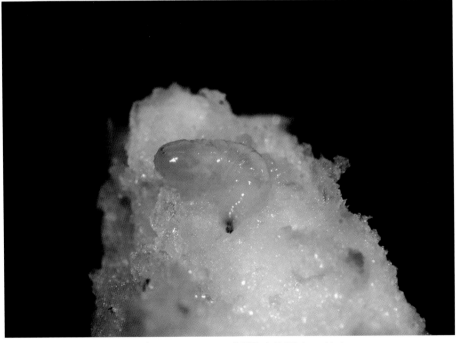

2007 年 9 月 20 日，新疆吐鲁番市，幼虫

2007 年 9 月 20 日，新疆吐鲁番市，蛹

2007 年 9 月 20 日，新疆吐鲁番市，蛹

短角亚目
环裂部

鼻蝇科

缟蝇科

鼓翅蝇科

广口蝇科

花蝇科

寄蝇科

丽蝇科

麻蝇科

潜蝇科

< 实蝇科

食蚜蝇科

水蝇科

头蝇科

蝇　科

69 枣实蝇　*Carpomya vesuviana* Costa　131

2007 年 9 月 20 日，新疆吐鲁番市，危害状

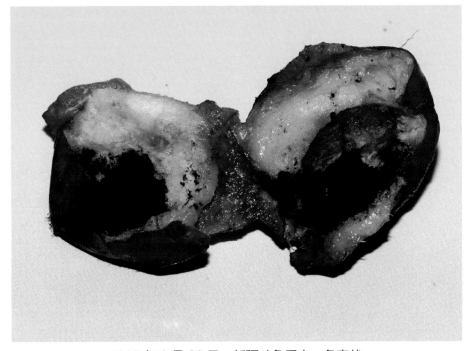

2007 年 9 月 20 日，新疆吐鲁番市，危害状

26. 实蝇科 Tephritidae

⑩ 枸杞奈实蝇　*Neoceratitis asiatica* (Becker)

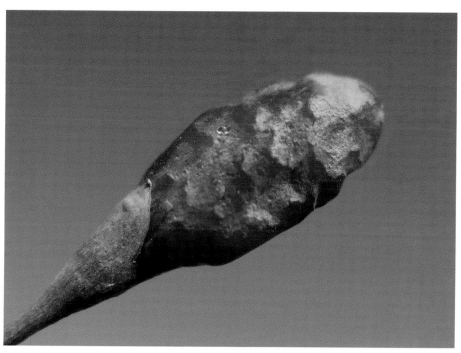

2016 年 10 月 30 日，宁夏中宁县，危害状

2016 年 10 月 30 日，宁夏中宁县，幼虫

短角亚目
环裂部

鼻蝇科

缟蝇科

鼓翅蝇科

广口蝇科

花蝇科

寄蝇科

丽蝇科

麻蝇科

潜蝇科

< 实蝇科

食蚜蝇科

水蝇科

头蝇科

蝇　科

2016 年 10 月 30 日，宁夏中宁县，幼虫

2016 年 10 月 30 日，宁夏中宁县，幼虫

26. 实蝇科 Tephritidae

㉑ 蔷薇绕实蝇 *Rhagoletis alternat* (Fallén)

2009 年 8 月 2 日，吉林延吉市

2009 年 8 月 2 日，吉林延吉市

短角亚目
环裂部

鼻蝇科

缟蝇科

鼓翅蝇科

广口蝇科

花蝇科

寄蝇科

丽蝇科

麻蝇科

潜蝇科

< **实蝇科**

食蚜蝇科

水蝇科

头蝇科

蝇　科

26. 实蝇科 Tephritidae
72 筒尾实蝇属　*Urophora* sp.

2021 年 8 月 13 日，北京顺义区衙门村

27. 食蚜蝇科 Syrphidae

73 浅环边蚜蝇 *Didea alneti* (Fallén)

2020 年 6 月 13 日，北京怀柔区黄花城，板栗花

短角亚目
环裂部

鼻蝇科

缟蝇科

鼓翅蝇科

广口蝇科

花蝇科

寄蝇科

丽蝇科

麻蝇科

潜蝇科

实蝇科

< **食蚜蝇科**

水蝇科

头蝇科

蝇　科

27. 食蚜蝇科 Syrphidae
74 黑带蚜蝇 *Episyrphus balteatus* (de Geer)

2014 年 5 月 24 日，北京海淀区马连洼

2014 年 5 月 24 日，北京海淀区马连洼

2014 年 5 月 24 日，北京海淀区马连洼

2014 年 5 月 11 日，北京海淀区温泉镇

短角亚目
环裂部

鼻蝇科

缟蝇科

鼓翅蝇科

广口蝇科

花蝇科

寄蝇科

丽蝇科

麻蝇科

潜蝇科

实蝇科

< 食蚜蝇科

水蝇科

头蝇科

蝇　科

2018 年 5 月 30 日，北京海淀区卧佛寺

2009 年 8 月 6 日，北京顺义区顺鑫度假村

2009 年 8 月 6 日，北京顺义区顺鑫度假村

2009 年 8 月 6 日，北京顺义区顺鑫度假村

短角亚目
环裂部

鼻蝇科

缟蝇科

鼓翅蝇科

广口蝇科

花蝇科

寄蝇科

丽蝇科

麻蝇科

潜蝇科

实蝇科

< 食蚜蝇科

水蝇科

头蝇科

蝇　科

2020 年 9 月 26 日，天津宝坻区

2020 年 9 月 26 日，天津宝坻区

27. 食蚜蝇科 Syrphidae
75 短腹管蚜蝇　*Eristalis arbustorum* (Linnaeus)

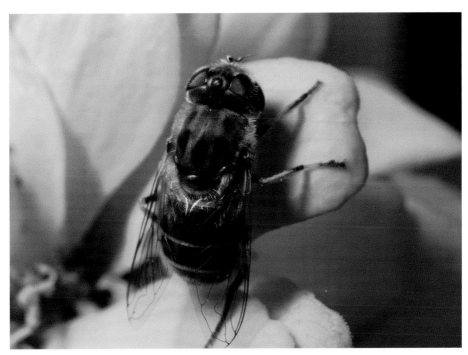

2020 年 9 月 16 日，北京朝阳区农业展览馆

2020 年 9 月 16 日，北京朝阳区农业展览馆

2020 年 9 月 16 日，北京朝阳区农业展览馆

2015 年 8 月 16 日，黑龙江同江市街津山赫哲渔村

短角亚目 **Brachycera** 环裂部 **Cyclorrhapha** / 蝇类 /

27. 食蚜蝇科 Syrphidae

⑯ 灰带管蚜蝇 *Eristalis cerealis* Fabricius

2013 年 10 月 12 日，北京密云区太师屯

27. 食蚜蝇科 Syrphidae

(77) 管蚜蝇属 *Eristalis* sp.

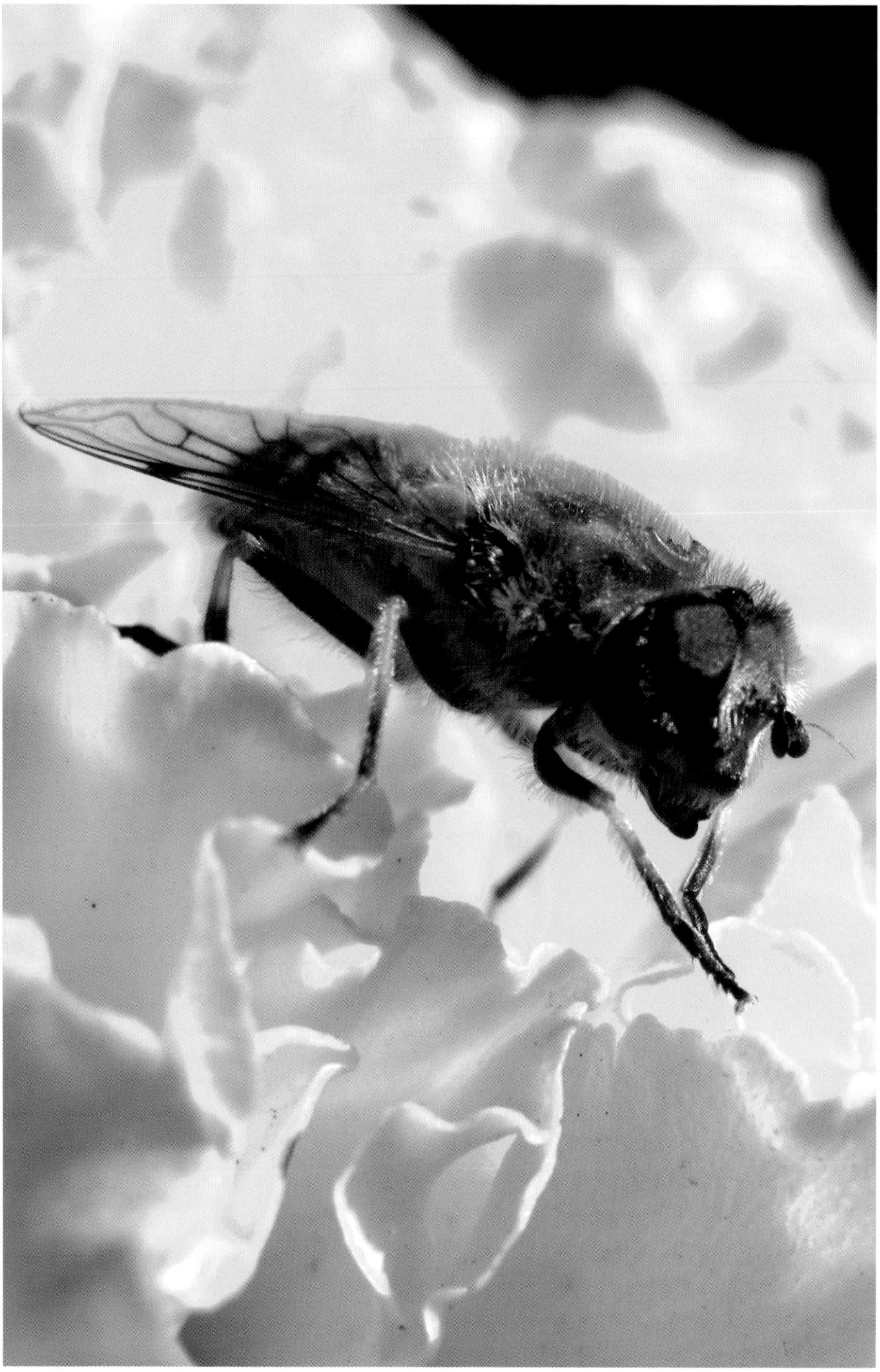

2009 年 5 月 18 日，新疆阿勒泰市

27. 食蚜蝇科 Syrphidae

78 长尾管蚜蝇 *Eristalis tenax* (Linnaeus)

2021 年 8 月 7 日，北京延庆区四海镇

2021 年 6 月 26 日，北京朝阳区奥森公园

2013 年 10 月 3 日，河北乐亭县

2013 年 10 月 3 日，河北乐亭县

2013 年 10 月 3 日，河北乐亭县

短角亚目
环裂部

鼻蝇科

缟蝇科

鼓翅蝇科

广口蝇科

花蝇科

寄蝇科

丽蝇科

麻蝇科

潜蝇科

实蝇科

< **食蚜蝇科**

水蝇科

头蝇科

蝇　科

78 长尾管蚜蝇　*Eristalis tenax* (Linnaeus)　　149

2013 年 10 月 3 日，河北乐亭县

2013 年 10 月 3 日，河北乐亭县

2019年10月19日，天津宝坻区

2020年9月26日，天津宝坻区

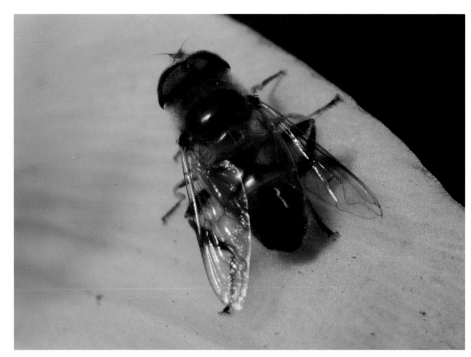

2021 年 6 月 13 日，天津宝坻区

2021 年 6 月 13 日，天津宝坻区

2020 年 9 月 26 日，天津宝坻区

2020 年 9 月 26 日，天津宝坻区

短角亚目
环裂部

鼻蝇科

缟蝇科

鼓翅蝇科

广口蝇科

花蝇科

寄蝇科

丽蝇科

麻蝇科

潜蝇科

实蝇科

< 食蚜蝇科

水蝇科

头蝇科

蝇　科

78 长尾管蚜蝇　*Eristalis tenax* (Linnaeus)　　153

短角亚目 Brachycera 环裂部 Cyclorrhapha / 蝇类 /

27. 食蚜蝇科 Syrphidae
⑦⑨ 黑股条眼蚜蝇 *Eristalodes paria* (Bigot)

短角亚目
环裂部

鼻蝇科

缟蝇科

鼓翅蝇科

广口蝇科

花蝇科

寄蝇科

丽蝇科

麻蝇科

潜蝇科

实蝇科

食蚜蝇科 >

水蝇科

头蝇科

蝇 科

2011 年 9 月 25 日，塔吉克斯坦杜尚别

2011 年 9 月 25 日，塔吉克斯坦杜尚别

27. 食蚜蝇科 Syrphidae

⑳ 大灰优蚜蝇 *Eupeodes corollae* (Fabricius)

2021年6月3日，北京朝阳区蓝色港湾

2021年6月3日，北京朝阳区蓝色港湾

短角亚目
环裂部

鼻蝇科

缟蝇科

鼓翅蝇科

广口蝇科

花蝇科

寄蝇科

丽蝇科

麻蝇科

潜蝇科

实蝇科

< 食蚜蝇科

水蝇科

头蝇科

蝇 科

2020 年 9 月 16 日，北京朝阳区农业展览馆

2020 年 9 月 16 日，北京朝阳区农业展览馆

2020 年 5 月 24 日，天津宝坻区

2020 年 6 月 9 日，四川理县

短角亚目
环裂部

鼻蝇科

缟蝇科

鼓翅蝇科

广口蝇科

花蝇科

寄蝇科

丽蝇科

麻蝇科

潜蝇科

实蝇科

< 食蚜蝇科

水蝇科

头蝇科

蝇　科

2020 年 6 月 9 日，四川理县

2020 年 6 月 9 日，四川理县

2020年6月9日，四川理县

短角亚目
环裂部

鼻蝇科

缟蝇科

鼓翅蝇科

广口蝇科

花蝇科

寄蝇科

丽蝇科

麻蝇科

潜蝇科

实蝇科

< 食蚜蝇科

水蝇科

头蝇科

蝇　科

2018年7月18日，西藏林芝市

2018 年 7 月 18 日，西藏林芝市

27. 食蚜蝇科 Syrphidae
81 优蚜蝇属 *Eupeodes* sp.1

2020年3月15日，北京门头沟区雁翅镇

2020 年 3 月 15 日，北京门头沟区雁翅镇

2020 年 3 月 15 日，北京门头沟区雁翅镇

短角亚目  Brachycera 环裂部 Cyclorrhapha /蝇类/

27. 食蚜蝇科 Syrphidae
㉘ 优蚜蝇属 *Eupeodes* sp. 2

2014 年 5 月 11 日，北京海淀区温泉镇

2014 年 5 月 11 日，北京海淀区温泉镇

短角亚目
环裂部

鼻蝇科

缟蝇科

鼓翅蝇科

广口蝇科

花蝇科

寄蝇科

丽蝇科

麻蝇科

潜蝇科

实蝇科

< **食蚜蝇科**

水蝇科

头蝇科

蝇　科

短角亚目 Brachycera 环裂部 Cyclorrhapha / 蝇类 /

27. 食蚜蝇科 Syrphidae

⑧ 狭带条胸蚜蝇 *Helophilus virgatus* (Coquillett)

短角亚目
环裂部

鼻蝇科

缟蝇科

鼓翅蝇科

广口蝇科

花蝇科

寄蝇科

丽蝇科

麻蝇科

潜蝇科

实蝇科

食蚜蝇科 >

水蝇科

头蝇科

蝇　科

2017 年 10 月 28 日，天津宝坻区

2019 年 10 月 19 日，天津宝坻区

2019 年 10 月 19 日，天津宝坻区

短角亚目
环裂部

鼻蝇科

缟蝇科

鼓翅蝇科

广口蝇科

花蝇科

寄蝇科

丽蝇科

麻蝇科

潜蝇科

实蝇科

< 食蚜蝇科

水蝇科

头蝇科

蝇　科

⑧ 狭带条胸蚜蝇 *Helophilus virgatus* (Coquillett)　　165

短角亚目 Brachycera 环裂部 Cyclorrhapha / 蝇类 /

27. 食蚜蝇科 Syrphidae

84 短刺刺腿蚜蝇　*Ischiodon scutellaris* (Fabricius)

短角亚目
环裂部

鼻蝇科

缟蝇科

鼓翅蝇科

广口蝇科

花蝇科

寄蝇科

丽蝇科

麻蝇科

潜蝇科

实蝇科

食蚜蝇科 >

水蝇科

头蝇科

蝇　科

2020 年 7 月 18 日，天津宝坻区

2020 年 7 月 18 日，天津宝坻区

2020 年 7 月 18 日，天津宝坻区

2020 年 7 月 18 日，天津宝坻区

短角亚目
环裂部

鼻蝇科

缟蝇科

鼓翅蝇科

广口蝇科

花蝇科

寄蝇科

丽蝇科

麻蝇科

潜蝇科

实蝇科

< 食蚜蝇科

水蝇科

头蝇科

蝇　科

84 短刺刺腿蚜蝇　*Ischiodon scutellaris* (Fabricius)　　167

27. 食蚜蝇科 Syrphidae
㊄ 黑色斑目蚜蝇 *Lathyrophthalmus aeneus* (Scopoli)

短角亚目
环裂部

鼻蝇科

缟蝇科

鼓翅蝇科

广口蝇科

花蝇科

寄蝇科

丽蝇科

麻蝇科

潜蝇科

实蝇科

食蚜蝇科 >

水蝇科

头蝇科

蝇 科

2021 年 7 月 18 日，天津宝坻区，荷花

2021 年 7 月 18 日，天津宝坻区，荷花

2021 年 7 月 18 日，天津宝坻区，荷花

2021 年 7 月 18 日，天津宝坻区，荷花

短角亚目
环裂部

鼻蝇科

缟蝇科

鼓翅蝇科

广口蝇科

花蝇科

寄蝇科

丽蝇科

麻蝇科

潜蝇科

实蝇科

< 食蚜蝇科

水蝇科

头蝇科

蝇　科

85 黑色斑目蚜蝇　*Lathyrophthalmus aeneus* (Scopoli)　169

2021 年 7 月 18 日，天津宝坻区，荷花

2020 年 3 月 22 日，北京昌平区沙河水库

27. 食蚜蝇科 Syrphidae

⑧ 钝斑斑目蚜蝇　*Lathyrophthalmus lugens* (Wiedemann)

**短角亚目
环裂部**

鼻蝇科

缟蝇科

鼓翅蝇科

广口蝇科

花蝇科

寄蝇科

丽蝇科

麻蝇科

潜蝇科

实蝇科

< **食蚜蝇科**

水蝇科

头蝇科

蝇　科

2017年5月28日，天津宝坻区

2017 年 5 月 28 日，天津宝坻区

2009 年 8 月 1 日，吉林延吉市

短角亚目 Brachycera 环裂部 Cyclorrhapha /蝇类/

27. 食蚜蝇科 Syrphidae
⑧⑦ 亮黑斑目蚜蝇 *Lathyrophthalmus tarsalis* (Macquart)

2017 年 10 月 28 日，天津宝坻区

**短角亚目
环裂部**

鼻蝇科

缟蝇科

鼓翅蝇科

广口蝇科

花蝇科

寄蝇科

丽蝇科

麻蝇科

潜蝇科

实蝇科

< **食蚜蝇科**

水蝇科

头蝇科

蝇　科

2017 年 10 月 28 日，天津宝坻区

2017 年 10 月 28 日，天津宝坻区

2019 年 10 月 19 日，天津宝坻区

2006 年 6 月 8 日，河北承德市普宁寺

短角亚目
环裂部

鼻蝇科

缟蝇科

鼓翅蝇科

广口蝇科

花蝇科

寄蝇科

丽蝇科

麻蝇科

潜蝇科

实蝇科

< 食蚜蝇科

水蝇科

头蝇科

蝇 科

❽ 亮黑斑目蚜蝇 *Lathyrophthalmus tarsalis* (Macquart)　　175

27. 食蚜蝇科 Syrphidae
⑧⑧ 毛管蚜蝇属 *Mallota* sp.

2013 年 5 月 24 日，贵州贵阳市花溪区

27. 食蚜蝇科 Syrphidae

⑧⑨ 墨蚜蝇 *Melanostoma* sp.

2020 年 8 月 16 日，北京延庆区四海镇

2020 年 8 月 16 日，北京延庆区四海镇

2020 年 8 月 16 日，北京延庆区四海镇

2020 年 8 月 16 日，北京延庆区四海镇

2017年8月13日，北京东城区崇文门

短角亚目
环裂部

鼻蝇科

缟蝇科

鼓翅蝇科

广口蝇科

花蝇科

寄蝇科

丽蝇科

麻蝇科

潜蝇科

实蝇科

食蚜蝇科 >

水蝇科

头蝇科

蝇　科

2017 年 8 月 12 日，北京东城区崇文门

2017 年 8 月 12 日，北京东城区崇文门

短角亚目 Brachycera 环裂部 Cyclorrhapha / 蝇类 /

27. 食蚜蝇科 Syrphidae
(91) 羽芒宽盾蚜蝇 *Phytomia zonata* (Fabricius)

2013年10月3日，河北乐亭县

**短角亚目
环裂部**

鼻蝇科

缟蝇科

鼓翅蝇科

广口蝇科

花蝇科

寄蝇科

丽蝇科

麻蝇科

潜蝇科

实蝇科

< **食蚜蝇科**

水蝇科

头蝇科

蝇 科

2013 年 10 月 3 日，河北乐亭县

2013 年 10 月 3 日，河北乐亭县

2013年10月3日，河北乐亭县

2017年6月25日，天津宝坻区

🔵91 羽芒宽盾蚜蝇　*Phytomia zonata* (Fabricius)　　183

2021 年 7 月 3 日，天津宝坻区

2015 年 8 月 14 日，黑龙江牡丹江市

27. 食蚜蝇科 Syrphidae

㉒ 印度细腹蚜蝇 *Sphaerophoria indiana* Bigot

2020 年 9 月 26 日，天津宝坻区

2020 年 9 月 26 日，天津宝坻区

短角亚目
环裂部

鼻蝇科

缟蝇科

鼓翅蝇科

广口蝇科

花蝇科

寄蝇科

丽蝇科

麻蝇科

潜蝇科

实蝇科

< **食蚜蝇科**

水蝇科

头蝇科

蝇　科

2020 年 9 月 26 日，天津宝坻区

2021 年 4 月 9 日，山东东营市

2021 年 4 月 9 日，山东东营市

2021 年 4 月 9 日，山东东营市

❾❷ 印度细腹蚜蝇　*Sphaerophoria indiana* Bigot　187

2021年4月9日，山东东营市

2021年4月9日，山东东营市

27. 食蚜蝇科 Syrphidae
93 宽尾细腹蚜蝇　*Sphaerophoria rueppellii* (Wiedemann)

2021年4月9日，山东东营市

27. 食蚜蝇科 Syrphidae
94 蚜蝇属 *Syrphus* sp.

2018 年 7 月 7 日，北京门头沟区妙峰山

2018 年 7 月 7 日，北京门头沟区妙峰山

2018 年 7 月 7 日，北京门头沟区妙峰山

短角亚目
环裂部

鼻蝇科

缟蝇科

鼓翅蝇科

广口蝇科

花蝇科

寄蝇科

丽蝇科

麻蝇科

潜蝇科

实蝇科

< **食蚜蝇科**

水蝇科

头蝇科

蝇　科

27. 食蚜蝇科 Syrphidae
⑨⑤ 双带蜂蚜蝇 *Volucella bivitta* Huo, Ren & Zheng

2020 年 8 月 16 日，北京延庆区四海镇

2020 年 8 月 16 日，北京延庆区四海镇

2020 年 8 月 16 日，北京延庆区四海镇

短角亚目
环裂部

鼻蝇科

缟蝇科

鼓翅蝇科

广口蝇科

花蝇科

寄蝇科

丽蝇科

麻蝇科

潜蝇科

实蝇科

< 食蚜蝇科

水蝇科

头蝇科

蝇　科

27. 食蚜蝇科 Syrphidae

96 黄盾蜂蚜蝇 *Volucella pellucens tabanoides* Motschulsky

2020 年 8 月 16 日，北京延庆区四海镇

2020 年 8 月 16 日，北京延庆区四海镇

2020 年 8 月 16 日，北京延庆区四海镇

短角亚目
环裂部

鼻蝇科

缟蝇科

鼓翅蝇科

广口蝇科

花蝇科

寄蝇科

丽蝇科

麻蝇科

潜蝇科

实蝇科

< 食蚜蝇科

水蝇科

头蝇科

蝇　科

96 黄盾蜂蚜蝇　*Volucella pellucens tabanoides* Motschulsky

28. 水蝇科 Ephydridae
97 银唇短脉水蝇 *Brachydeutera ibari* Ninomyia

**短角亚目
环裂部**

鼻蝇科

缟蝇科

鼓翅蝇科

广口蝇科

花蝇科

寄蝇科

丽蝇科

麻蝇科

潜蝇科

实蝇科

食蚜蝇科

水蝇科 >

头蝇科

蝇 科

2012年9月24日，山西运城市

2012年9月24日，山西运城市

2012年9月24日，山西运城市

短角亚目
环裂部

鼻蝇科

缟蝇科

鼓翅蝇科

广口蝇科

花蝇科

寄蝇科

丽蝇科

麻蝇科

潜蝇科

实蝇科

食蚜蝇科

< 水蝇科

头蝇科

蝇　科

97 银唇短脉水蝇　*Brachydeutera ibari* Ninomyia　　197

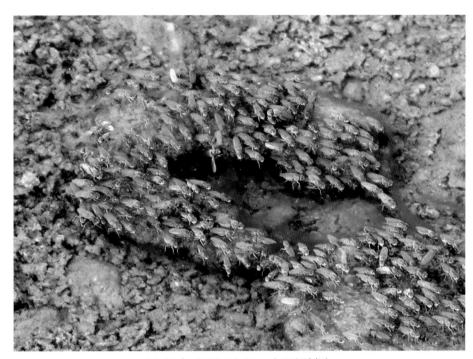

2012 年 9 月 24 日，山西运城市

2012 年 9 月 24 日，山西运城市

短角亚目 **Brachycera** 环裂部 **Cyclorrhapha** / 蝇类 /

28. 水蝇科 Ephydridae

98 盘水蝇属 *Discomyza* sp.

短角亚目
环裂部

鼻蝇科

缟蝇科

鼓翅蝇科

广口蝇科

花蝇科

寄蝇科

丽蝇科

麻蝇科

潜蝇科

实蝇科

食蚜蝇科

< **水蝇科**

头蝇科

蝇　科

2021 年 7 月 16 日，北京朝阳区农业展览馆

短角亚目 **Brachycera** 环裂部 **Cyclorrhapha** / 蝇类 /

29. 头蝇科 Pipunculidae
99 肾头蝇属　　*Nephrocerus* sp.

**短角亚目
环裂部**

鼻蝇科

缟蝇科

鼓翅蝇科

广口蝇科

花蝇科

寄蝇科

丽蝇科

麻蝇科

潜蝇科

实蝇科

食蚜蝇科

水蝇科

头蝇科　>

蝇　科

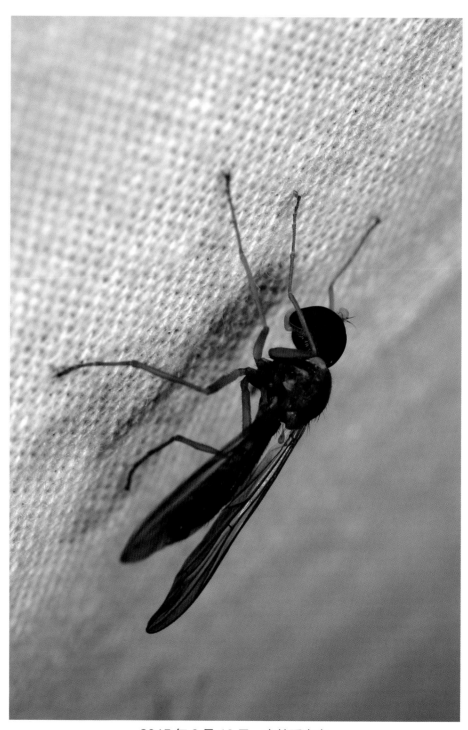

2015 年 6 月 16 日，吉林延吉市

30. 蝇科 Muscidae

⑩ 蝇　Muscidae

2009 年 8 月 2 日，吉林延吉市

2009 年 8 月 2 日，吉林延吉市

短角亚目
环裂部

鼻蝇科

缟蝇科

鼓翅蝇科

广口蝇科

花蝇科

寄蝇科

丽蝇科

麻蝇科

潜蝇科

实蝇科

食蚜蝇科

水蝇科

头蝇科

< **蝇科**

中文名称索引

学名索引